AVANT PROPOS

À qui s'adresse ce cahier?

À tous ceux qui ont besoin de maitriser la dérivation en mathématiques:
- les lycéens qui préparent le bac ou un concours,
- les étudiants postbac qui souhaitent consolider leur connaissance,
- les personnes qui reprennent leurs études.

Que contient ce cahier (et ce qu'il ne contient pas)?

Ce cahier est structuré pour t'aider à apprendre et appliquer correctement les formules de calcul de dérivation.
À cet effet, il contient:
- un quiz pour t'autoévaluer et aller directement à l'essentiel,
- les tableaux de formules utiles à connaître,
- de nombreux exemples guidés à difficulté croissante,
- des exercices corrigés pour t'exercer tout seul.

Il ne contient pas:
- de définition de la dérivation,
- d'exercices d'application.

Comment fonctionne ce cahier?

Ce cahier n'est pas un simple livre de cours !
Pour en profiter au mieux, munie toi d'un crayon et d'une feuille et réalise les nombreux exercices corrigés au fur et à mesure.

Si tu n'as pas beaucoup d'expérience avec le calcul de dérivée, nous te conseillons de lire ce cahier dans l'ordre et en intégralité.

Si tu as déjà des bases, tu peux faire le quiz présent au début du cahier et aller directement aux chapitres qui te posent le plus problème.

À TOI DE JOUER!

LE QUIZ

QUIZ

Si tu ne souhaites pas lire la totalité de ce cahier, tu peux réaliser le questionnaire d'auto-évaluation.

Les réponses sont données à la suite du questionnaire.

Pour chaque mauvaise réponse, on t'indique les chapitres à réviser en priorité.

QUIZ

Id	Fonctions à dériver	Page(s)
1	$f(x) = 14$	p18
2	$f(x) = 2\sqrt{2}$	p18
3	$f(x) = -3x + 5$	p19
4	$f(x) = 3x^5$	p20
5	$f(x) = \sqrt{x}$	p16
6	$f(x) = \cos(x)$	p16
7	$f(x) = \sin(x)$	p16
8	$f(x) = e^x$	p16
9	$f(x) = ln(x)$	p16
10	$f(x) = \dfrac{1}{x}$	p16

QUIZ

Id	Fonctions à dériver	Chapitres
11	$f(x) = \dfrac{1}{x^3}$	p21
12	$f(x) = x^3 + 2x - 7$	p20&p28
13	$f(x) = \sqrt{3}x^5 - 2x^2 + 7$	p20&p26&p28
14	$f(x) = x^2 e^x$	p30
15	$f(x) = 7\sin(x)$	p26
16	$f(x) = \dfrac{e^x}{5}$	p26
17	$f(x) = \dfrac{e^x}{2} + 3\sqrt{x} - \dfrac{2}{3}$	p26&28
18	$f(x) = e^x \times \ln(x)$	p30
19	$f(x) = e^x \times (x^2 + 3)$	p28&30
20	$f(x) = \cos(x) \times \sin(x)$	p30

QUIZ

Id	Fonctions à dériver	Chapitres
21	$f(x) = \dfrac{\sqrt{x}}{x^2}$	p32
22	$f(x) = \dfrac{e^x}{(5x^4 - 3x^2 + 2)}$	p28&32
23	$f(x) = \dfrac{\ln(x)e^x}{x}$	p30&32
24	$f(x) = \cos^2 x$	p34
25	$f(x) = \sin^3 x$	p34
26	$f(x) = \dfrac{1}{(x^2 - 3)}$	p36
27	$f(x) = \sqrt{3x^2 + 2x - 5}$	p38
28	$f(x) = \ln(3x^4 + \sqrt{x})$	p46
29	$f(x) = \sqrt{e^x + 5} + \sin(x)$	p38&48
30	$f(x) = e^{3x^2 + 3 + \sqrt{x}}$	p44

CORRECTION

Id	Fonction à dériver	Dérivée
1	$f(x) = 14$	$f'(x) = 0$
2	$f(x) = 2\sqrt{2}$	$f'(x) = 0$
3	$f(x) = -3x + 5$	$f'(x) = -3$
4	$f(x) = 3x^5$	$f'(x) = 15x^4$
5	$f(x) = \sqrt{x}$	$f'(x) = \dfrac{1}{2\sqrt{x}}$
6	$f(x) = \cos(x)$	$f'(x) = -\sin(x)$
7	$f(x) = \sin(x)$	$f'(x) = \cos(x)$
8	$f(x) = e^x$	$f'(x) = e^x$
9	$f(x) = \ln(x)$	$f'(x) = \dfrac{1}{x}$
10	$f(x) = \dfrac{1}{x}$	$f'(x) = \dfrac{1}{x^2}$

CORRECTION

Id	Fonction à dériver	Dérivée
11	$f(x) = \dfrac{1}{x^3}$	$f'(x) = -\dfrac{3}{x^4}$
12	$f(x) = x^3 + 2x - 7$	$f'(x) = 3x^2 + 2$
13	$f(x) = \sqrt{3}x^5 - 2x^2 + 7$	$f'(x) = 5\sqrt{3}x^4 - 4x$
14	$f(x) = x^2 e^x$	$f'(x) = 2e^x + x^2 e^x$
15	$f(x) = 7\sin(x)$	$f'(x) = 7\cos(x)$
16	$f(x) = \dfrac{e^x}{5}$	$f'(x) = \dfrac{e^x}{5}$
17	$f(x) = \dfrac{e^x}{2} + 3\sqrt{x} - \dfrac{2}{3}$	$f'(x) = \dfrac{e^x}{2} + \dfrac{3}{2\sqrt{x}}$
18	$f(x) = e^x \times \ln(x)$	$f'(x) = e^x \times \ln(x) + \dfrac{e^x}{x}$
19	$f(x) = e^x \times (x^2 + 3)$	$f'(x) = e^x \times (x^2 + 5)$
20	$f(x) = \cos(x) \times \sin(x)$	$f'(x) = \cos^2(x) - \sin^2(x)$

CORRECTION

Id	Fonction à dériver	Dérivée
21	$f(x) = \dfrac{\sqrt{x}}{x^2}$	$f'(x) = \dfrac{\dfrac{x^2}{2\sqrt{x}} - 2x\sqrt{x}}{x^4}$
22	$f(x) = \dfrac{e^x}{(5x^4 - 3x^2 + 2)}$	$f'(x) = \dfrac{e^x(5x^4 - 20x^3 - 3x^2 + 6x + 2)}{(5x^4 - 3x^2 + 2)^2}$
23	$f(x) = \dfrac{\ln(x)e^x}{x}$	$f'(x) = \dfrac{e^x}{x}\left(\dfrac{1}{x} + \ln(x) - \dfrac{\ln(x)}{x}\right)$
24	$f(x) = \cos^2 x$	$f'(x) = -2\cos(x)\sin(x)$
25	$f(x) = \sin^3 x$	$f'(x) = 3\cos(x)\sin^2(x)$
26	$f(x) = \dfrac{1}{(x^2 - 3)}$	$f'(x) = \dfrac{-2x}{(x^2 - 3)^2}$
27	$f(x) = \sqrt{3x^2 + 2x - 5}$	$f'(x) = \dfrac{6x + 2}{2\sqrt{3x^2 + 2x - 5}}$
28	$f(x) = \ln(3x^4 + \sqrt{x})$	$f'(x) = \dfrac{12x^3 + \dfrac{1}{2\sqrt{x}}}{3x^4 + \sqrt{x}}$
29	$f(x) = \sqrt{e^x + 5} + \sin(x)$	$f'(x) = \dfrac{e^x}{2\sqrt{e^x + 5}} + \cos(x)$
30	$f(x) = e^{3x^2 + 3 + \sqrt{x}}$	$f'(x) = e^{3x^2 + 3 + \sqrt{x}}\left(6x + \dfrac{1}{2\sqrt{x}}\right)$

LES DÉRIVÉES USUELLES

FORMULES

Id	Domaine de définition D_f	Fonction $f(x)$	Dérivée $f'(x)$	Domaine de dérivabilité $D_{f'}$
1	$\mathbb{R}$	$k\ (k \in \mathbb{R})$	0	$\mathbb{R}$
2	$\mathbb{R}$	$ax + b\ (a, b \in \mathbb{R})$	a	$\mathbb{R}$
3	$\mathbb{R}$	$ax^n\ (n \in \mathbb{N}^*)$	anx^{n-1}	$\mathbb{R}$
4	$\mathbb{R}^*$	$\dfrac{1}{x}$	$-\dfrac{1}{x^2}$	$\mathbb{R}^*$
5	$\mathbb{R}^*$	$\dfrac{1}{x^n}\ (n \in \mathbb{N}^*)$	$-\dfrac{n}{x^{n+1}}$	$\mathbb{R}^*$
6	$[0; +\infty[$	$\sqrt{x}$	$\dfrac{1}{2\sqrt{x}}$	$]0, +\infty[$
7	$\mathbb{R}$	$\cos(x)$	$-\sin(x)$	$\mathbb{R}$
8	$\mathbb{R}$	$\sin(x)$	$\cos(x)$	$\mathbb{R}$
9	$\mathbb{R}$	e^x	e^x	$\mathbb{R}$
10	$]0, +\infty[$	$\ln(x)$	$\dfrac{1}{x}$	$]0, +\infty[$

Il existe d'autres formules ($\tan x, a^x, …$).
Cependant, les 10 formules présentées ici sont celles que tu dois connaitre au lycée et serais largement suffisantes dans 99% des situations dans les études postbac (et probablement plus encore).

FORMULES

Comment lire ce tableau?

Ensemble de définition de la fonction f(x) à dériver.

Ensemble de définition de la fonction f'(x). Attention, ce n'est pas toujours le même que l'ensemble de définition de f(x) ($\sqrt{x}$ par exemple).

Id	Domaine de définition D_f	Fonction $f(x)$	Dérivée $f'(x)$	Domaine de dérivabilité $D_{f'}$
5	$\mathbb{R}^*$	$\dfrac{1}{x^n}$ (n ∈ $\mathbb{N}^*$)	$-\dfrac{n}{x^{n+1}}$	$\mathbb{R}^*$

Référence de la ligne pour t'y retrouver plus facilement.

Fonction à dériver. S'il y a un paramètre, on précise l'ensemble de définition.

Fonction dérivée.

Quelques rappels utiles sur les ensembles de définitions

$\mathbb{R}$: **L'ensemble des réels (n'importe quel nombre positif ou négatif).**

$\mathbb{R}^*$: **L'ensemble des réels sauf 0.**

$\mathbb{N}$: **L'ensemble des entiers naturels (0,1,2,3,4 etc).**

$\mathbb{N}*$: **L'ensemble des entiers naturels sauf 0 (1,2,3,4 etc).**

$]0, +\infty[$: **L'ensemble des réels compris entre 0 exclue et l'infini.**

$[0; +\infty[$: **L'ensemble des réels compris entre 0 inclus et l'infini.**

EXEMPLES GUIDÉS

1) DÉRIVATION D'UNE CONSTANTE

❶ $f(x) = 7$ ⟵ k

$$\boxed{\begin{array}{l} f(x) = k \ (k \in \mathbb{R}) \\ f'(x) = 0 \end{array}}$$

La dérivée d'une constante est toujours nulle.

$$\boxed{f'(x) = 0}$$

---

❷ $g(x) = \sqrt{3}$ ⟵ k

$$\boxed{\begin{array}{l} f(x) = k \ (k \in \mathbb{R}) \\ f'(x) = 0 \end{array}}$$

$$\boxed{g'(x) = 0}$$

EXEMPLES GUIDÉS

2) DÉRIVATION D'UNE FONCTION AFFINE

① $f(x) = 2x + 3$

$$f(x) = ax + b \ (a, b \in \mathbb{R})$$
$$f'(x) = a$$

a ↑ (2x), b ↖ (3)

$$f'(x) = 2$$

La dérivée d'une fonction affine est toujours égale au coefficient directeur (a).

---

② $g(x) = \sqrt{3}x - 4$

$$f(x) = ax + b \ (a, b \in \mathbb{R})$$
$$f'(x) = a$$

a ↑ ($\sqrt{3}x$), b ↖ (-4)

$$g'(x) = \sqrt{3}$$

---

③ $h(x) = -5x + 2$

$$f(x) = ax + b \ (a, b \in \mathbb{R})$$
$$f'(x) = a$$

a ↑ ($-5x$), b ↖ (2)

$$h'(x) = -5$$

EXEMPLES GUIDÉS

3) DÉRIVATION D'UN POLYNÔME

❶ $f(x) = -3x^4$ ← n
               ↑
               a

$$f(x) = ax^n \ (a \in \mathbb{R}, n \in \mathbb{N}^*)$$
$$f'(x) = anx^{n-1}$$

$a = -3$
$n = 4$

$f'(x) = -3 \times 4x^{4-1}$

$$\boxed{f'(x) = -12x^3}$$

---

❷ $g(x) = 5x^3$ ← n
              ↑
              a

$$f(x) = ax^n \ (a \in \mathbb{R}, n \in \mathbb{N}^*)$$
$$f'(x) = anx^{n-1}$$

$a = 5$
$n = 3$

$g'(x) = 5 \times 3x^{3-1}$

$$\boxed{g'(x) = 15x^2}$$

EXEMPLES GUIDÉS

4) INVERSE D'UN POLYNOME

❶ $f(x) = \dfrac{1}{x^3}$ ← n

$$f(x) = \dfrac{1}{x^n} \ (n \in \mathbb{N}^*)$$
$$f'(x) = -\dfrac{n}{x^{n+1}}$$

$$f'(x) = -\dfrac{3}{x^{3+1}} = -\dfrac{3}{x^4}$$

$$f'(x) = -\dfrac{3}{x^4}$$

---

❷ $g(x) = \dfrac{1}{x^6}$ ← n

$$f(x) = \dfrac{1}{x^n} \ (n \in \mathbb{N}^*)$$
$$f'(x) = -\dfrac{n}{x^{n+1}}$$

$$g'(x) = -\dfrac{6}{x^{6+1}} = -\dfrac{6}{x^7}$$

$$g'(x) = -\dfrac{6}{x^7}$$

EXERCICES

Id	Fonction à dériver
1	$\frac{3}{2}x^2$
2	$7x^3$
3	$\sqrt{x}$
4	$\sin x$
5	$\cos x$
6	$14,3$
7	$-\frac{1}{x^7}$
8	$-\frac{1}{5}x^7$
9	e^x
10	$\ln x$

Correction page 50

LES PRINCIPALES OPÉRATIONS

FORMULES

Id	Fonction $f(x)$	Dérivée $f'(x)$	Ensemble de dérivabilité
1	$k \times u(x)$ ($k \in \mathbb{R}$)	$k \times u(x)'$	D_u
2	$u(x) + v(x)$	$u'(x) + v'(x)$	$D_u \cap D_v$
3	$u(x) \times v(x)$	$u'(x) \times v(x) + u(x) \times v'(x)$	$D_u \cap D_v$
4	$\dfrac{u(x)}{v(x)}$	$\dfrac{u'(x) \times v(x) - u(x) \times v'(x)}{v^2(x)}$	$D_u \cap D_v \cap v(x) \neq 0$
5	$u(x)^n$ ($n \in \mathbb{N}^*$)	$n \times u'(x) \times u(x)^{n-1}$	D_u^n
6	$\dfrac{1}{u(x)}$	$-\dfrac{u'(x)}{u^2(x)}$	$D_u \cap u(x) \neq 0$
7	$\sqrt{u(x)}$	$\dfrac{u'(x)}{2\sqrt{u(x)}}$	$D_{\sqrt{u}}$
8	$\cos(u(x))$	$-u'(x) \times \sin(u(x))$	D_u
9	$\sin(u(x))$	$u'(x) \times \cos(u(x))$	D_u
10	$e^{u(x)}$	$u'(x) e^{u(x)}$	D_u
11	$\ln u(x)$	$\dfrac{u'(x)}{u(x)}$	D_{lnu}

Comment lire ce tableau?

Fonction à dériver, décomposée en plusieurs « sous fonctions » u(x) et v(x)

Fonction dérivée.

Id	Fonction $f(x)$	Dérivée $f'(x)$	Ensemble de dérivabilité
2	$u(x) + v(x)$	$u'(x) + v'(x)$	$D_u \cap D_v$

Référence de la ligne pour t'y retrouver plus facilement.

Ensemble de dérivabilité de la fonction:
- $D_u \cap D_v$: la fonction est dérivable si u(x) ET v(x) est dérivable.
- $D_u \cap D_v \cap v(x) \neq 0$: la fonction est dérivable si u(x) ET v(x) est dérivable ET $v(x) \neq 0$
- $D_{\sqrt{u}}$: la fonction est dérivable si u(x) est dans l'ensemble de dérivabilité de la fonction $\sqrt{x}$ (donc ici, si u(x)>0)

Voyons tout ça avec des exemples pour que ça soit plus clair!

EXEMPLES GUIDÉS

1) MULTIPLICATION PAR UN RÉEL

❶ $f(x) = 3 \times \sin(x)$
- k
- $u(x)$

$$\begin{cases} f(x) = k \times u(x) \ (k \in \mathbb{R}) \\ f'(x) = k \times u(x)' \\ D_{f'(x)} = D_u \end{cases}$$

Pour calculer la dérivée d'une fonction multipliée par un réel, on dérive la fonction « normalement », à partir des formules de base puis on multiplie le résultat par le réel de départ.

- $sin(x)$ est dérivable sur $\mathbb{R}$, donc *f(x)* est dérivable sur $\mathbb{R}$.

$u(x) = \sin(x)$ $\qquad\qquad u'(x) = \cos(x)$

$f'(x) = k \times u'(x) = 3 \times cos(x)$

$$\boxed{f'(x) = 3\cos(x)}$$

❷ $g(x) = \dfrac{2}{3} \times \sqrt{x}$
- k
- $u(x)$

$$\begin{cases} g(x) = k \times u(x) \ (k \in \mathbb{R}) \\ g'(x) = k \times u(x)' \\ D_{g'(x)} = D_u \end{cases}$$

- $\sqrt{x}$ est dérivable sur $]0, +\infty[$, donc *f(x)* est dérivable sur $]0, +\infty[$.

$u(x) = \sqrt{x}$ $\qquad\qquad u'(x) = \dfrac{1}{2\sqrt{x}}$

$g'(x) = k \times u'(x) = \dfrac{2}{3} \times \dfrac{1}{2\sqrt{x}} = \dfrac{1}{3\sqrt{x}}$

$$\boxed{g'(x) = \dfrac{1}{3\sqrt{x}}}$$

EXERCICES

Id	Fonction à dériver
11	$\dfrac{3}{2}x^2$
12	$7\sin(x)$
13	$\dfrac{4}{3}\sqrt{x}$
14	$-3\cos(x)$
15	$-5e^x$
16	$-\dfrac{7}{x^5}$
17	$3\ln(x)$
18	$\dfrac{-8}{x}$
19	$\sqrt{2}\,x^6$
20	πe^x

Correction page 51

EXEMPLES GUIDÉS

2) ADDITION DE FONCTIONS

① $f(x) = \sin(x) + \sqrt{x}$

$u(x)$ ... $v(x)$

$$\begin{cases} f(x) = u(x) + v(x) \\ f'(x) = u'(x) + v'(x) \\ D_{f'(x)} = D_u \cap D_v \end{cases}$$

Pour calculer la dérivée d'une fonction qui est composée de l'addition (ou la soustraction) de plusieurs termes, on dérive chaque terme séparément et on additionne (ou soustrait) les résultats.
L'ensemble de définition est l'intersection des ensembles de définition.

- $\sin(x)$ est dérivable sur $\mathbb{R}$
- $\sqrt{x}$ est dérivable sur $]0, +\infty[$

Donc $f(x)$ est dérivable sur $]0, +\infty[$

$u(x) = \sin(x)$ $u'(x) = \cos(x)$

$v(x) = \sqrt{x}$ $v'(x) = \dfrac{1}{2\sqrt{x}}$

$$f'(x) = \cos(x) + \frac{1}{2\sqrt{x}}$$

---

② $g(x) = 3x^2 + \dfrac{e^x}{7}$ ← $v(x)$

$u(x)$

$$\begin{cases} g(x) = u(x) + v(x) \\ g'(x) = u'(x) + v'(x) \\ D_{g'(x)} = D_u \cap D_v \end{cases}$$

- x^2 est dérivable sur $\mathbb{R}$
- e^x est dérivable sur $\mathbb{R}$

Donc $g(x)$ est dérivable sur $\mathbb{R}$

$u(x) = 3x^2$ $u'(x) = 6x$

$v(x) = \dfrac{e^x}{7}$ $v'(x) = \dfrac{e^x}{7}$

$$g'(x) = 6x + \frac{e^x}{7}$$

EXERCICES

Id	Fonction à dériver
21	$7x^2 - 8x + 3$
22	$3\sqrt{x} + cos(x)$
23	$\dfrac{3}{x} + x^3 + 3x - \sqrt{3}$
24	$\dfrac{1}{x^3} - e^x$
25	$3e^x - ln(x) + \sqrt{x}$
26	$2x^9 + 3x^7 - x^2$
27	$\sqrt{x} + \dfrac{5}{x^2}$
28	$3\sqrt{x} + \dfrac{2}{3} sin(x)$
29	$\dfrac{3e^x}{5} - \dfrac{\sqrt{x}}{2}$
30	$4\, ln(x) - \dfrac{1}{x^7}$

Correction page 52

EXEMPLES GUIDÉS

3) MULTIPLICATION DE FONCTIONS

❶ $f(x) = \sin x \times x^2$

$u(x) \quad\quad v(x)$

$$f(x) = u(x) \times v(x)$$
$$f'(x) = u'(x) \times v(x) + u(x) \times v'(x)$$
$$D_{f'(x)} = D_u \cap D_v$$

L'ensemble de définition est l'intersection des ensembles de définition.

- $\sin(x)$ est dérivable sur $\mathbb{R}$
- x^2 est dérivable sur $\mathbb{R}$

Donc $f(x)$ est dérivable sur $\mathbb{R}$

$u(x) = \sin(x) \quad\quad\quad u'(x) = \cos(x)$

$v(x) = x^2 \quad\quad\quad\quad v'(x) = 2x$

$f'(x) = \cos x \times x^2 + \sin x \times 2x$

$$f'(x) = x^2 \cos x + 2x \sin x$$

---

❷ $g(x) = \sqrt{x} \times \ln(x)$

$u(x) \quad\quad v(x)$

$$g(x) = u(x) \times v(x)$$
$$g'(x) = u'(x) \times v(x) + u(x) \times v'(x)$$
$$D_{g'(x)} = D_u \cap D_v$$

- $\sqrt{x}$ est dérivable sur $]0, +\infty[$
- $\ln(x)$ est dérivable sur $]0, +\infty[$

Donc $g(x)$ est dérivable sur $]0, +\infty[$

$u(x) = \sqrt{x} \quad\quad\quad u'(x) = \dfrac{1}{2\sqrt{x}}$

$v(x) = \ln(x) \quad\quad\quad v'(x) = \dfrac{1}{x}$

$g'(x) = \dfrac{1}{2\sqrt{x}} \times \ln(x) + \sqrt{x} \times \dfrac{1}{x}$

$$g'(x) = \dfrac{\ln(x)}{2\sqrt{x}} + \dfrac{\sqrt{x}}{x}$$

La dérivation en mathématiques

EXERCICES

Id	Fonction à dériver
31	$3\sqrt{x} \times \cos(x)$
32	$\cos(x) \times \sin(x)$
33	$\cos(x) \times e^x$
34	$e^x \times \dfrac{1}{x}$
35	$\dfrac{1}{x^3} \times \sqrt{x}$
36	$e^x \times \ln(x)$
37	$\cos(x) \times 3x^7$
38	$\dfrac{x^2}{5} \times e^x$
39	$e^x \times (x^2 + 2x + 3)$
40	$\ln(x) \times (x^2 + 2x + 3)$

Correction page 53

EXEMPLES GUIDÉS

4) DIVISION DE FONCTIONS

① $f(x) = \dfrac{\sin(x)}{x^2 - 3}$

$$f(x) = \dfrac{u(x)}{v(x)}$$
$$f'(x) = \dfrac{u'(x) \times v(x) - u(x) \times v'(x)}{v^2(x)}$$
$$D_{f'(x)} = D_u \cap D_v \cap v(x) \neq 0$$

L'ensemble de définition est l'intersection des ensembles de définition du numérateur et du dénominateur.
On doit également enlever de l'ensemble de définition les valeurs de x pour lesquelles le dénominateur s'annule.

- $\sin(x)$ est dérivable sur $\mathbb{R}$
- $x^2 - 3$ est dérivable sur $\mathbb{R}$
- $x^2 - 3 = 0 \Leftrightarrow x = \{-\sqrt{3}; \sqrt{3}\}$

Donc g(x) est dérivable sur $\mathbb{R} \setminus \{-\sqrt{3}; \sqrt{3}\}$

$u(x) = \sin(x)$ $u'(x) = \cos(x)$
$v(x) = x^2 - 3$ $v'(x) = 2x$

$$f'(x) = \dfrac{u'(x) \times v(x) - u(x) \times v'(x)}{v^2(x)}$$

$$f'(x) = \dfrac{\cos(x) \times (x^2 - 3) - \sin(x) \times 2x}{(x^2 - 3)^2}$$

$$\boxed{f'(x) = \dfrac{(x^2 - 3)\cos(x) - 2x\sin(x)}{(x^2 - 3)^2}}$$

EXERCICES

Id	Fonction à dériver
41	$\dfrac{8x+3}{x-3}$
42	$\dfrac{cos(x)}{x^2+3}$
43	$\dfrac{3\sqrt{x}}{2x-5}$
44	$\dfrac{e^x}{ln(x)}$
45	$\dfrac{x^3+x}{\sqrt{x}}$
46	$\dfrac{cos(x)}{3x^3}$
47	$\dfrac{cos(x) \times sin(x)}{\sqrt{x}}$
48	$\dfrac{3x^7 e^x}{\sqrt{x}}$
49	$\dfrac{5cos(x)}{e^x}$
50	$\dfrac{5\sqrt{x}}{ln(x)}$

Correction page 54

EXEMPLES GUIDÉS

5) PUISSANCE DE FONCTION

❶ $f(x) = \sin(x)^3$

$$f(x) = u(x)^n \quad (n \in \mathbb{N}^*)$$
$$f'(x) = n \times u'(x) \times u(x)^{n-1}$$
$$D_{f'(x)} = D_{u^n}$$

- $\sin(x)$ est dérivable sur $\mathbb{R}$ ⇒ Donc $f(x)$ est dérivable sur $\mathbb{R}$

$u(x) = \sin(x)$ $\quad\quad\quad u'(x) = \cos(x)$

$f'(x) = 3 \times \cos(x) \sin(x)^{3-1}$

$$\boxed{f'(x) = 3\cos(x)\sin(x)^2}$$

---

❷ $g(x) = \sqrt{x}^7$

$$g(x) = u(x)^n \quad (n \in \mathbb{N}^*)$$
$$g'(x) = n \times u'(x) \times u(x)^{n-1}$$
$$D_{g'(x)} = D_{u^n}$$

- $\sqrt{x}$ est dérivable sur $]0, +\infty[$ ⇒ Donc $f(x)$ est dérivable sur $]0, +\infty[$

$u(x) = \sqrt{x}$ $\quad\quad\quad u'(x) = \dfrac{1}{2\sqrt{x}}$

$g'(x) = 7 \times \dfrac{1}{2\sqrt{x}} \times (\sqrt{x})^{7-1} = 7 \times \dfrac{1}{2\sqrt{x}} \times (\sqrt{x})^6$

$g'(x) = \dfrac{7x^3}{2\sqrt{x}}$

$$\boxed{g'(x) = \dfrac{7x^3}{2\sqrt{x}}}$$

EXERCICES

Id	Fonction à dériver
51	$\cos(x)^3$
52	$\sin(x)^5$
53	$(e^x)^2$
54	$\left(\dfrac{e^x}{\ln(x)}\right)^2$
55	$\left(\dfrac{x^3}{\sqrt{x}}\right)^3$
56	$(\sqrt{x})^3$
57	$(\cos(x)\sin(x))^2$
58	$(\sqrt{x})^5$
59	$(\sqrt{x} + \cos(x))^5$
60	$(3\sqrt{x} - 5\sin(x))^8$

Correction page 55

EXEMPLES GUIDÉS

6) INVERSE DE FONCTION

① $f(x) = \dfrac{1}{\sqrt{x}}$ ← $u(x)$

$$\boxed{\begin{array}{l} f(x) = \dfrac{1}{u(x)} \\ f'(x) = -\dfrac{u'(x)}{u^2(x)} \\ D_{f'(x)} = D_u \cap u(x) \neq 0 \end{array}}$$

L'ensemble de définition est l'ensemble de définition du dénominateur, mais on doit également enlever de l'ensemble de définition les valeurs de x pour lesquelles le dénominateur s'annule.

- $\sqrt{x}$ est dérivable sur $]0, +\infty[$
- $\sqrt{x} = 0 \Leftrightarrow x = \{0\}$

Donc f(x) est dérivable sur $]0, +\infty[$

$u(x) = \sqrt{x}$ $\qquad u'(x) = \dfrac{1}{2\sqrt{x}}$

$$f'(x) = -\dfrac{\dfrac{1}{2\sqrt{x}}}{(\sqrt{x})^2} = -\dfrac{\dfrac{1}{2\sqrt{x}}}{x} = -\dfrac{1}{2x\sqrt{x}}$$

$$\boxed{f'(x) = -\dfrac{1}{2x\sqrt{x}}}$$

---

② $g(x) = \dfrac{1}{x^2 - 3}$ ← $u(x)$

$$\boxed{\begin{array}{l} g(x) = \dfrac{1}{u(x)} \\ g'(x) = -\dfrac{u'(x)}{u^2(x)} \\ D_{g'(x)} = D_u \cap u(x) \neq 0 \end{array}}$$

- $u(x)$ est dérivable sur $\mathbb{R}$
- $x^2 - 3 = 0 \Leftrightarrow x = \{-\sqrt{3}; \sqrt{3}\}$

Donc g(x) est dérivable sur $]0, \sqrt{3}[\cup]\sqrt{3}, +\infty[$

$u(x) = x^2 - 3$ $\qquad u'(x) = 2x$

$$g'(x) = -\dfrac{2x}{(x^2 - 3)^2}$$

$$\boxed{g'(x) = -\dfrac{2x}{(x^2 - 3)^2}}$$

La dérivation en mathématiques

EXERCICES

Id	Fonction à dériver
61	$\dfrac{1}{\sin(x)}$
62	$\dfrac{1}{\sqrt{x}}$
63	$\dfrac{1}{2x^2+3}$
64	$\dfrac{1}{e^x}$
65	$\dfrac{1}{\ln(x)}$
66	$\dfrac{1}{3}$
67	$\dfrac{1}{\sqrt{x}+3x^2-2}$
68	$\dfrac{5}{3e^x}$
69	$\dfrac{5}{2\ln(x)}$
70	$\dfrac{1}{\cos(x)^2}$

Correction page 56

EXEMPLES GUIDÉS

7) RACINE CARRÉ DE FONCTION

① $f(x) = \sqrt{x^2 - 5}$

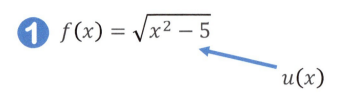

$u(x)$

$$\begin{array}{l} f(x) = \sqrt{u(x)} \\ f'(x) = \dfrac{u'(x)}{2\sqrt{u(x)}} \\ D_{\sqrt{u}} \end{array}$$

La fonction racine carré est définie sur $]0, +\infty[$.
On doit donc au préalable vérifier l'intervalle sur lequel la fonction u(x) est >0.

- $x^2 - 5$ est dérivable sur $\mathbb{R}$
- $x^2 - 5 > 0 \Leftrightarrow x^2 > 5 \Leftrightarrow \begin{array}{l} x > \sqrt{5} \\ ou \\ x < -\sqrt{5} \end{array}$

x	$-\infty$		$-\sqrt{5}$		$\sqrt{5}$		$+\infty$
signe de $x^2 - 5$		$+$	0	$-$	0	$+$	

$\Rightarrow f(x)$ est dérivable sur $]-\infty, -\sqrt{5}\,[\,\cup\,]\sqrt{5}, +\infty[$

$u(x) = x^2 - 5 \qquad\qquad u'(x) = 2x$

$$g'(x) = \frac{2x}{2\sqrt{x^2 - 5}} = \frac{x}{\sqrt{x^2 - 5}}$$

$$\boxed{g'(x) = \frac{x}{\sqrt{x^2 - 5}}}$$

EXERCICES

Id	Fonction à dériver
71	$\sqrt{3x}$
72	$\sqrt{x^2+3}$
73	$\sqrt{3x^5+2x+1}$
74	$\sqrt{5e^x}$
75	$\sqrt{\ln(x)}$
76	$\sqrt{\dfrac{2}{e^x}}$
77	$\sqrt{\cos(x)}$
78	$\sqrt{\dfrac{1}{x^4}}$
79	$\sqrt{\ln(x)e^x}$
80	$\sqrt{\ln(x)+e^x}$

Correction page 57

EXEMPLES GUIDÉS

8) COSINUS DE FONCTION

1) $f(x) = \cos(2x^2 + 5)$ ← $u(x)$

$$\begin{aligned} f(x) &= \cos(u(x)) \\ f'(x) &= -u'(x) \times \sin(u(x)) \\ D_{f'(x)} &= D_u \end{aligned}$$

Le domaine de définition de la fonction f(x) est le même que celui de la fonction u(x).

- $2x^2 + 5$ est dérivable sur $\mathbb{R}$ ⇒ Donc f(x) est dérivable sur $\mathbb{R}$

$u(x) = 2x^2 + 5$ $u'(x) = 4x$

$f'(x) = -4x \times \sin(2x^2 + 5)$

$$\boxed{f'(x) = -4x\sin(2x^2 + 5)}$$

---

2) $g(x) = \cos(3\sqrt{x})$ ← $u(x)$

$$\begin{aligned} g(x) &= \cos(u(x)) \\ g'(x) &= -u'(x) \times \sin(u(x)) \\ D_{g'(x)} &= D_u \end{aligned}$$

- $3\sqrt{x}$ est dérivable sur $]0, +\infty[$ ⇒ Donc g(x) est dérivable sur $]0, +\infty[$

$u(x) = 3\sqrt{x}$ $u'(x) = \dfrac{3}{2\sqrt{x}}$

$g'(x) = -\dfrac{3}{2\sqrt{x}} \times \sin(3\sqrt{x})$

$$\boxed{g'(x) = -\dfrac{3\sin(3\sqrt{x})}{2\sqrt{x}}}$$

EXERCICES

Id	Fonction à dériver
81	$\cos(x^2 + 2)$
82	$\cos(3x^3 + 2x - 1)$
83	$\cos(\sqrt{x})$
84	$\cos(e^x)$
85	$\cos(\ln(x))$
86	$\cos(\dfrac{1}{x^3})$
87	$\cos(e^x \times \ln(x))$
88	$\cos(3x^2 e^x)$
89	$\cos(\dfrac{3}{\sqrt{x}})$
90	$\cos(3x + e^x)$

Correction page 58

EXEMPLES GUIDÉS

9) SINUS DE FONCTION

① $f(x) = \sin(3x^2 + 7)$ ← $u(x)$

$$\begin{array}{l} f(x) = \sin(u(x)) \\ f'(x) = u'(x) \times \cos(u(x)) \\ D_{f'(x)} = D_u \end{array}$$

Le domaine de définition de la fonction f(x) est le même que celui de la fonction u(x).

- $3x^2 + 7$ est dérivable sur $\mathbb{R}$ ⇒ Donc f(x) est dérivable sur $\mathbb{R}$

$u(x) = 3x^2 + 7 \qquad\qquad u'(x) = 6x$

$f'(x) = 6x \times \cos(3x^2 + 7)$

$$\boxed{f'(x) = 6x\cos(3x^2 + 7)}$$

---

② $g(x) = \sin(3\sqrt{x})$ ← $u(x)$

$$\begin{array}{l} g(x) = \sin(u(x)) \\ g'(x) = u'(x) \times \cos(u(x)) \\ D_{g'(x)} = D_u \end{array}$$

- $3\sqrt{x}$ est dérivable sur $]0, +\infty[$ ⇒ Donc g(x) est dérivable sur $]0, +\infty[$

$u(x) = 3\sqrt{x} \qquad\qquad u'(x) = \dfrac{3}{2\sqrt{x}}$

$g'(x) = \dfrac{3}{2\sqrt{x}} \times \cos(3\sqrt{x})$

$$\boxed{g'(x) = \dfrac{3\cos(3\sqrt{x})}{2\sqrt{x}}}$$

EXERCICES

Id	Fonction à dériver
91	$\sin(x^2 + 2)$
92	$\sin(3x^3 + 2x - 1)$
93	$\sin(\sqrt{x})$
94	$\sin(e^x)$
95	$\sin(\ln(x))$
96	$\sin(\frac{1}{x^3})$
97	$\sin(e^x \times \ln(x))$
98	$\sin(3x^2 e^x)$
99	$\sin(\frac{3}{\sqrt{x}})$
100	$\sin(3x + e^x)$

Correction page 59

EXEMPLES GUIDÉS

10) EXPONENTIELLE DE FONCTION

① $f(x) = e^{3x^2+3x-4}$ ← $u(x)$

$$\begin{cases} f(x) = e^{u(x)} \\ f'(x) = u'(x)e^{u(x)} \\ D_{f'(x)} = D_u \end{cases}$$

Le domaine de définition de la fonction f(x) est le même que celui de la fonction u(x).

- $3x^2 + 3x - 4$ est dérivable sur $\mathbb{R}$ ⇒ Donc f(x) est dérivable sur $\mathbb{R}$

$u(x) = 3x^2 + 3x - 4 \qquad u'(x) = 6x + 3$

$f'(x) = (6x + 3) \times e^{3x^2+3x-4}$

$$\boxed{f'(x) = (6x+3) \times e^{3x^2+3x-4}}$$

----

② $g(x) = e^{\sqrt{x}+x^2}$ ← $u(x)$

$$\begin{cases} g(x) = e^{u(x)} \\ g'(x) = u'(x)e^{u(x)} \\ D_{g'(x)} = D_u \end{cases}$$

- $\sqrt{x} + x^2$ est dérivable sur $]0, +\infty[$ ⇒ Donc g(x) est dérivable sur $]0, +\infty[$

$u(x) = \sqrt{x} + x^2 \qquad u'(x) = \dfrac{1}{2\sqrt{x}} + 2x$

$g'(x) = \left(\dfrac{1}{2\sqrt{x}} + 2x\right)e^{\sqrt{x}+x^2}$

$$\boxed{g'(x) = \left(\dfrac{1}{2\sqrt{x}} + 2x\right)e^{\sqrt{x}+x^2}}$$

EXERCICES

Id	Fonction à dériver
101	e^{x+2}
102	e^{3x^2}
103	e^{2x^3+2x-2}
104	$e^{\sqrt{x}}$
105	$e^{3\sqrt{x}+4}$
106	$e^{\sqrt{3x+4}}$
107	$e^{\cos(x)}$
108	$e^{\frac{3}{x^2}}$
109	$e^{\cos(x)\times\sqrt{x}}$
110	$e^{\frac{1}{\sqrt{x}}}$

Correction page 60

EXEMPLES GUIDÉS

11) LOGARITHME NÉPÉRIEN DE FONCTION

1 $f(x) = \ln(2x^2 + 3x)$

$$\begin{array}{|l|} \hline f(x) = \ln u(x) \\ f'(x) = \dfrac{u'(x)}{u(x)} \\ D_{f'(x)} = D_{\ln u} \\ \hline \end{array}$$

$u(x)$

Le domaine de définition de la fonction f(x) est le même que celui de la fonction u(x).

- $\ln(x)$ est dérivable sur $]0, +\infty[$. On doit vérifier quand $2x^2 + 3x > 0$

$2x^2 + 3x > 0 \Leftrightarrow x(2x + 3) > 0$

$2x + 3 = 0 \Leftrightarrow x = \dfrac{-3}{2}$

x	$-\infty$		$-\dfrac{3}{2}$		0		$+\infty$
signe de x		$-$		$-$	0	$+$	
signe de $2x+3$		$-$	0	$+$		$+$	
signe de $2x^2+3x$		$+$	0	$-$	0	$+$	

$2x^2 + 3x > 0$ sur $]-\infty, -3/2[\ \cup\ ]0, +\infty[$

$\Rightarrow \ln(2x^2 + 3x)$ est dérivable sur $]-\infty, -3/2[\ \cup\ ]0, +\infty[$

$u(x) = 2x^2 + 3x \qquad\qquad u'(x) = 2x + 3$

$f'(x) = \dfrac{2x + 3}{2x^2 + 3x}$

$$\boxed{f'(x) = \dfrac{2x + 3}{2x^2 + 3x}}$$

La dérivation en mathématiques

EXERCICES

Id	Fonction à dériver
111	$\ln(3x+2)$
112	$\ln(x^2)$
113	$\ln(\sqrt{x})$
114	$\ln(\sqrt{2x+3})$
115	$\ln(3x^3+2)$
116	$\ln(\cos(x))$
117	$\ln(5\cos(x)+3)$
118	$\ln(\dfrac{5x}{\sqrt{x}})$
119	$\ln(\cos(x) \times \sqrt{x})$
120	$\ln(\dfrac{1}{x^4})$

Correction page 61

LA CORRECTION

CORRECTION

Id	Fonction à dériver	Fonction dérivée
1	$\dfrac{3}{2}x^2$	$3x$
2	$7x^3$	$21x^2$
3	$\sqrt{x}$	$\dfrac{1}{2\sqrt{x}}$
4	$\sin x$	$\cos x$
5	$\cos x$	$-\sin x$
6	$14,3$	0
7	$-\dfrac{1}{x^7}$	$\dfrac{7}{x^8}$
8	$-\dfrac{1}{5}x^7$	$-\dfrac{7}{5}x^6$
9	e^x	e^x
10	$\ln x$	$\dfrac{1}{x}$

CORRECTION

Id	Fonction à dériver	Fonction dérivée
11	$\dfrac{3}{2}x^2$	$3x$
12	$7\sin(x)$	$7\cos(x)$
13	$\dfrac{4}{3}\sqrt{x}$	$\dfrac{2}{3\sqrt{x}}$
14	$-3\cos(x)$	$3\sin(x)$
15	$-5e^x$	$-5e^x$
16	$-\dfrac{7}{x^5}$	$\dfrac{35}{x^6}$
17	$3\ln(x)$	$\dfrac{3}{x}$
18	$\dfrac{-8}{x}$	$\dfrac{8}{x^2}$
19	$\sqrt{2}x^6$	$6\sqrt{2}x^5$
20	πe^x	πe^x

CORRECTION

Id	Fonction à dériver	Fonction dérivée
21	$7x^2 - 8x + 3$	$14x - 8$
22	$3\sqrt{x} + cos(x)$	$\dfrac{3}{2\sqrt{x}} - sin(x)$
23	$\dfrac{3}{x} + x^3 + 3x - \sqrt{3}$	$-\dfrac{3}{x^2} + 3x^2 + 3$
24	$\dfrac{1}{x^3} - e^x$	$-\dfrac{3}{x^4} - e^x$
25	$3e^x - ln(x) + \sqrt{x}$	$3e^x - \dfrac{1}{x} + \dfrac{1}{2\sqrt{x}}$
26	$2x^9 + 3x^7 - x^2$	$18x^8 + 21x^6 - 2x$
27	$\sqrt{x} + \dfrac{5}{x^2}$	$\dfrac{1}{2\sqrt{x}} - \dfrac{10}{x^3}$
28	$3\sqrt{x} + \dfrac{2}{3}sin(x)$	$\dfrac{3}{2\sqrt{x}} + \dfrac{2}{3}cos(x)$
29	$\dfrac{3e^x}{5} - \dfrac{\sqrt{x}}{2}$	$\dfrac{3e^x}{5} - \dfrac{1}{4\sqrt{x}}$
30	$4\,ln(x) - \dfrac{1}{x^7}$	$\dfrac{4}{x} + \dfrac{7}{x^8}$

CORRECTION

Id	Fonction à dériver	Fonction dérivée
31	$3\sqrt{x} \times cos(x)$	$\dfrac{3cos(x)}{2\sqrt{x}} - 3\sqrt{x}sin(x)$
32	$cos(x) \times sin(x)$	$cos(x)^2 - sin(x)^2$
33	$cos(x) \times e^x$	$e^x(cos(x) - sin(x))$
34	$e^x \times \dfrac{1}{x}$	$\dfrac{e^x(x-1)}{x^2}$
35	$\dfrac{1}{x^3} \times \sqrt{x}$	$\dfrac{-3\sqrt{x}}{x^4} + \dfrac{1}{2x^3\sqrt{x}}$
36	$e^x \times ln(x)$	$e^x(ln(x) + \dfrac{1}{x})$
37	$cos(x) \times 3x^7$	$21x^6 cos(x) - 3x^7 sin(x)$
38	$\dfrac{x^2}{5} \times e^x$	$\dfrac{xe^x}{5}(x+2)$
39	$e^x \times (x^2 + 2x + 3)$	$e^x \times (x^2 + 4x + 5)$
40	$ln(x) \times (x^2 + 2x + 3)$	$ln(x)(2x+2) + \dfrac{x^2 + 2x + 3}{x}$

CORRECTION

Id	Fonction à dériver	Fonction dérivée
41	$\dfrac{8x+3}{x-3}$	$\dfrac{8(x-3)-8x-3}{(x-3)^2}$
42	$\dfrac{cos(x)}{x^2+3}$	$\dfrac{-2xcos(x)-sin(x)(x^2+3)}{(x^2+3)^2}$
43	$\dfrac{3\sqrt{x}}{2x-5}$	$\dfrac{-6x-15}{2\sqrt{x}(2x-5)}$
44	$\dfrac{e^x}{ln(x)}$	$\dfrac{e^x(ln(x)-\frac{1}{x})}{(ln(x))^2}$
45	$\dfrac{x^3+x}{\sqrt{x}}$	$\dfrac{\frac{-x^3+x}{2\sqrt{x}}+\sqrt{x}(3x^2+1)}{x}$
46	$\dfrac{cos(x)}{3x^3}$	$\dfrac{-9x^2cos(x)-3x^3sin(x)}{9x^6}$
47	$\dfrac{cos(x)\times sin(x)}{\sqrt{x}}$	$\dfrac{cos(x)^2-sin(x)^2-\frac{1}{2x}cos(x)sin(x)}{x}$
48	$\dfrac{3x^7e^x}{\sqrt{x}}$	$\dfrac{45}{2}e^xx^6\sqrt{x}+3e^xx^7\sqrt{x}$
49	$\dfrac{5cos(x)}{e^x}$	$\dfrac{-5}{e^x}(cos(x)-sin(x))$
50	$\dfrac{5\sqrt{x}}{ln(x)}$	$\dfrac{5}{2\sqrt{x}ln(x)}-5\dfrac{\sqrt{x}}{x(ln(x))^2}$

CORRECTION

Id	Fonction à dériver	Fonction dérivée
51	$cos(x)^3$	$-3\cos(x)^2 \sin(x)$
52	$sin(x)^5$	$5cos(x)\, sin(x)^4$
53	$(e^x)^2$	$2(e^x)^2$
54	$\left(\dfrac{e^x}{\ln(x)}\right)^2$	$2e^x \dfrac{e^x \ln x - \dfrac{e^x}{x}}{(\ln(x))^3}$
55	$\left(\dfrac{x^3}{\sqrt{x}}\right)^3$	$\dfrac{15}{2}(\sqrt{x}x^2)^2 \sqrt{x}\dfrac{x^2}{x}$
56	$(\sqrt{x})^3$	$\dfrac{3}{2}\sqrt{x}$
57	$(cos(x)sin(x))^2$	$2\cos(x)\sin(x)(\cos(x)^2 - \sin(x)^2)$
58	$(\sqrt{x})^5$	$\dfrac{5}{2}\sqrt{x}x$
59	$(\sqrt{x} + cos(x))^5$	$5(\cos(x) + \sqrt{x})^4 \times \left(\dfrac{1}{2\sqrt{x}} - \sin(x)\right)$
60	$(3\sqrt{x} - 5sin(x))^8$	$8(-5\sin(x) + 3\sqrt{x})^7 \times \left(\dfrac{3}{2\sqrt{x}} - 5\cos(x)\right)$

CORRECTION

Id	Fonction à dériver	Fonction dérivée
61	$\dfrac{1}{sin(x)}$	$\dfrac{-cos(x)}{sin(x)^2}$
62	$\dfrac{1}{\sqrt{x}}$	$-\dfrac{1}{2x\sqrt{x}}$
63	$\dfrac{1}{2x^2+3}$	$\dfrac{-4x}{(2x^2+3)^2}$
64	$\dfrac{1}{e^x}$	$-\dfrac{1}{e^x}$
65	$\dfrac{1}{ln(x)}$	$-\dfrac{1}{x(ln(x))^2}$
66	$\dfrac{1}{3}$	0
67	$\dfrac{1}{\sqrt{x}+3x^2-2}$	$\dfrac{-6x-\dfrac{1}{2\sqrt{x}}}{(\sqrt{x}+3x^2-2)^2}$
68	$\dfrac{5}{3e^x}$	$\dfrac{-15e^x}{(3e^x)^2}$
69	$\dfrac{5}{2ln(x)}$	$\dfrac{-10}{x(2ln(x))^2}$
70	$\dfrac{1}{cos(x)^2}$	$\dfrac{2sin(x)}{cos(x)^3}$

CORRECTION

Id	Fonction à dériver	Fonction dérivée
71	$\sqrt{3x}$	$\dfrac{3}{2\sqrt{3x}}$
72	$\sqrt{x^2+3}$	$\dfrac{x}{\sqrt{x^2+3}}$
73	$\sqrt{3x^5+2x+1}$	$\dfrac{15x^4+2}{2\sqrt{3x^5+2x+1}}$
74	$\sqrt{5e^x}$	$\dfrac{5e^x}{2\sqrt{5e^x}}$
75	$\sqrt{\ln(x)}$	$\dfrac{1}{x\sqrt{\ln(x)}}$
76	$\sqrt{\dfrac{2}{e^x}}$	$\dfrac{-1}{\sqrt{2e^x}}$
77	$\sqrt{\cos(x)}$	$\dfrac{-\sin(x)}{2\sqrt{\cos(x)}}$
78	$\sqrt{\dfrac{1}{x^4}}$	$\dfrac{-2}{x^3}$
79	$\sqrt{\ln(x)e^x}$	$\dfrac{\ln(x)e^x+\dfrac{e^x}{x}}{2\sqrt{\ln(x)e^x}}$
80	$\sqrt{\ln(x)+e^x}$	$\dfrac{\dfrac{1}{x}+e^x}{2\sqrt{\ln(x)+e^x}}$

CORRECTION

Id	Fonction à dériver	Fonction dérivée
81	$\cos(x^2 + 2)$	$-2x\sin(x^2 + 2)$
82	$\cos(3x^3 + 2x - 1)$	$-\sin(3x^3 + 2x - 1)(9x^2 + 2)$
83	$\cos(\sqrt{x})$	$-\dfrac{\sin(\sqrt{x})}{2\sqrt{x}}$
84	$\cos(e^x)$	$-e^x \sin(e^x)$
85	$\cos(\ln(x))$	$-\dfrac{\sin(\ln(x))}{x}$
86	$\cos\left(\dfrac{1}{x^3}\right)$	$\dfrac{3\sin\left(\dfrac{1}{x^3}\right)}{x^4}$
87	$\cos(e^x \times \ln(x))$	$-\sin(\ln(x)e^x)\left(\ln(x)e^x + \dfrac{e^x}{x}\right)$
88	$\cos(3x^2 e^x)$	$-\sin(3x^2 e^x)(6xe^x + 3x^2 e^x)$
89	$\cos\left(\dfrac{3}{\sqrt{x}}\right)$	$\dfrac{3\sin\left(\dfrac{3}{\sqrt{x}}\right)}{2x\sqrt{x}}$
90	$\cos(3x + e^x)$	$-\sin(e^x + 3x)(e^x + 3)$

CORRECTION

Id	Fonction à dériver	Fonction dérivée
91	$\sin(x^2 + 2)$	$2x\cos(x^2 + 2)$
92	$\sin(3x^3 + 2x - 1)$	$\cos(3x^3 + 2x - 1)(9x^2 + 2)$
93	$\sin(\sqrt{x})$	$\dfrac{\cos(\sqrt{x})}{2\sqrt{x}}$
94	$\sin(e^x)$	$e^x \cos(e^x)$
95	$\sin(\ln(x))$	$\dfrac{\cos(\ln(x))}{x}$
96	$\sin\left(\dfrac{1}{x^3}\right)$	$-\dfrac{3\cos\left(\dfrac{1}{x^3}\right)}{x^4}$
97	$\sin(e^x \times \ln(x))$	$\cos(\ln(x)e^x)\left(\ln(x)e^x + \dfrac{e^x}{x}\right)$
98	$\sin(3x^2 e^x)$	$\cos(3x^2 e^x)(6xe^x + 3x^2 e^x)$
99	$\sin\left(\dfrac{3}{\sqrt{x}}\right)$	$-\dfrac{\cos\left(\dfrac{3}{\sqrt{x}}\right)}{2x\sqrt{x}}$
100	$\sin(3x + e^x)$	$\cos(e^x + 3x)(e^x + 3)$

CORRECTION

Id	Fonction à dériver	Fonction dérivée
101	e^{x+2}	e^{x+2}
102	e^{3x^2}	$6e^{3x^2}$
103	e^{2x^3+2x-2}	$(6x^2+2)e^{2x^3+2x-2}$
104	$e^{\sqrt{x}}$	$\dfrac{e^{\sqrt{x}}}{2\sqrt{x}}$
105	$e^{3\sqrt{x}+4}$	$\dfrac{3e^{3\sqrt{x}+4}}{2\sqrt{x}}$
106	$e^{\sqrt{3x+4}}$	$\dfrac{3e^{\sqrt{3x+4}}}{2\sqrt{3x+4}}$
107	$e^{\cos(x)}$	$-e^{\cos(x)}\sin(x)$
108	$e^{\frac{3}{x^2}}$	$-6\dfrac{e^{\frac{3}{x^2}}}{x^3}$
109	$e^{\cos(x)\times\sqrt{x}}$	$e^{\cos(x)\times\sqrt{x}}\left(\dfrac{\cos(x)}{2\sqrt{x}}-\sqrt{x}\sin(x)\right)$
110	$e^{\frac{1}{\sqrt{x}}}$	$-\dfrac{e^{\frac{1}{\sqrt{x}}}}{2x\sqrt{x}}$

CORRECTION

Id	Fonction à dériver	Fonction dérivée
111	$\ln(3x+2)$	$\dfrac{3}{3x+2}$
112	$\ln(x^2)$	$\dfrac{2}{x}$
113	$\ln(\sqrt{x})$	$\dfrac{1}{2x}$
114	$\ln(\sqrt{2x+3})$	$\dfrac{1}{2x+3}$
115	$\ln(3x^3+2)$	$\dfrac{9x^2}{3x^3+2}$
116	$\ln(\cos(x))$	$\dfrac{-\sin(x)}{\cos(x)}$
117	$\ln(5\cos(x)+3)$	$\dfrac{-5\sin(x)}{5\cos(x)+3}$
118	$\ln\left(\dfrac{5x}{\sqrt{x}}\right)$	$\dfrac{1}{2x}$
119	$\ln(\cos(x)\times\sqrt{x})$	$\dfrac{1}{2x}$
120	$\ln\left(\dfrac{1}{x^4}\right)$	$\dfrac{-4}{x}$

FORMULAIRE

FONCTIONS USUELLES

Id	Domaine de définition D_f	Fonction $f(x)$	Dérivée $f'(x)$	Domaine de dérivabilité $D_{f'}$
1	$\mathbb{R}$	$k\ (k \in \mathbb{R})$	0	$\mathbb{R}$
2	$\mathbb{R}$	$ax + b\ (a, b \in \mathbb{R})$	a	$\mathbb{R}$
3	$\mathbb{R}$	$ax^n\ (n \in \mathbb{N}^*)$	anx^{n-1}	$\mathbb{R}$
4	$\mathbb{R}^*$	$\dfrac{1}{x}$	$-\dfrac{1}{x^2}$	$\mathbb{R}^*$
5	$\mathbb{R}^*$	$\dfrac{1}{x^n}\ (n \in \mathbb{N}^*)$	$-\dfrac{n}{x^{n+1}}$	$\mathbb{R}^*$
6	$[0; +\infty[$	$\sqrt{x}$	$\dfrac{1}{2\sqrt{x}}$	$]0, +\infty[$
7	$\mathbb{R}$	$\cos(x)$	$-\sin(x)$	$\mathbb{R}$
8	$\mathbb{R}$	$\sin(x)$	$\cos(x)$	$\mathbb{R}$
9	$\mathbb{R}$	e^x	e^x	$\mathbb{R}$
10	$]0, +\infty[$	$\ln(x)$	$\dfrac{1}{x}$	$]0, +\infty[$

PRINCIPALES OPÉRATIONS

Id	Fonction $f(x)$	Dérivée $f'(x)$	Ensemble de dérivabilité
1	$k \times u(x)$ ($k \in \mathbb{R}$)	$k \times u(x)'$	D_u
2	$u(x) + v(x)$	$u'(x) + v'(x)$	$D_u \cap D_v$
3	$u(x) \times v(x)$	$u'(x) \times v(x) + u(x) \times v'(x)$	$D_u \cap D_v$
4	$\dfrac{u(x)}{v(x)}$	$\dfrac{u'(x) \times v(x) - u(x) \times v'(x)}{v^2(x)}$	$D_u \cap D_v \cap v(x) \neq 0$
5	$u(x)^n$ ($n \in \mathbb{N}^*$)	$n \times u'(x) \times u(x)^{n-1}$	D_u^n
6	$\dfrac{1}{u(x)}$	$-\dfrac{u'(x)}{u^2(x)}$	$D_u \cap u(x) \neq 0$
7	$\sqrt{u(x)}$	$\dfrac{u'(x)}{2\sqrt{u(x)}}$	$D_{\sqrt{u}}$
8	$\cos(u(x))$	$-u'(x) \times \sin(u(x))$	D_u
9	$\sin(u(x))$	$u'(x) \times \cos(u(x))$	D_u
10	$e^{u(x)}$	$u'(x) e^{u(x)}$	D_u
11	$\ln u(x)$	$\dfrac{u'(x)}{u(x)}$	D_{lnu}

Printed in Poland
by Amazon Fulfillment
Poland Sp. z o.o., Wrocław